尖端科技篇

哇，科学有故事！

医疗的故事

［韩］黄根基／文 ［韩］洪善珠／绘 千太阳／译

人民东方出版传媒
People's Oriental Publishing & Media
東方出版社
The Oriental Press

你让我给你装一个鼻子？
妙闻

失血过多该怎么办呢？
兰德斯坦纳

有什么办法可以让患者没有疼痛地接受手术呢？
威尔士

目录

出现整形手术的故事_1页

发现血型的故事_13页
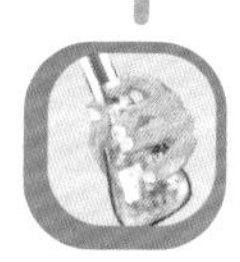
发明麻醉药的故事_25页

开创未来医疗的科学史_35页

妙闻医生，
消失的鼻子，您也可以造出来吗？

我是一名生活在古印度的医生。那时候，世界上出现过很多名医圣手。例如，中国有医神——华佗，古希腊有“医学之父”——希波克拉底。但我曾做出了比他们更令人震惊的成绩，因为我做过造鼻整形手术。

古时候，人们认为得病是因为犯下了罪孽，只有神才能救治病人，向神祈祷是唯一能够治疗疾病的方法。

但是慢慢地，人们发现疾病的症状千奇百怪，而且很多疾病都是可以被治愈的。更何况，医生们还通过手术治好了很多严重的疾病。

在古印度，有一位凭借手术名声显赫的医生，他就是妙闻。

“听说天下就没有妙闻医生治不了的病。”

“我听说他会一种将断掉的小腿重新接回去的手术，真是了不起！”

“何止啊！我听说他还能给断了手臂的人安装假肢呢。”

在妙闻做过的众多手术中，最为著名的一项就是鼻子再造手术。

在公元前 6 世纪的古印度，人们一旦犯下严重罪行就要受到割鼻子的惩罚。

被割掉鼻子的人无颜面对父老乡亲。

有一天，一个被割掉了鼻子的人找到妙闻，向他苦苦哀求道："医生，我已经反省过无数次自己的罪行。但是由于没有鼻子，我每天都要忍受别人的指指点点。求求您，重新给我装一个鼻子吧。"

妙闻觉得对方的处境很可怜，于是陷入了沉思："被割掉的肉估计已经烂掉了，即使重新接回去也无济于事……这可如何是好？"

经过一番冥思苦想之后，妙闻终于想到了一个好办法："对了！我将他身上其他部位的肉切一些下来，再贴到鼻子上不就可以了？"

而当妙闻打算动手术时，患者一脸恐惧地问道：“医生，这种手术真的行得通吗？”

“当然了。被撕掉的皮肉，只要用线缝起来就能重新长回去。如果将身体其他部分的肉切下来缝在鼻子上，肯定也能牢牢地长在那里。”

妙闻的手术非常成功。虽然鼻子周围留下了一些疤痕，但与重新获得鼻子相比，些许疤痕已经算不上什么问题了。

“医生，真的太感谢您了。现在我也能重新抬头做人了。”患者连连弯腰致谢，然后开开心心地回家了。

从那以后，很多人都来找妙闻做鼻子整形手术。鼻子整形手术的费用很高，而且手术的过程也非常痛苦。但是为了找回失去的名誉，很多人都愿意接受鼻子整形手术。

有了妙闻的先例，很多国家的医生都开始做整形手术。

例如，罗马帝国的医生们就经常做清除角斗士身上伤疤的手术，而且大部分都是清除后背的伤疤。后来有一段时间，教会曾出面阻止人们做整形手术。

“你们怎么敢用人类的手去改变神创造出来的身体？你们绝对不可以做整形手术！”

然而，即使是教会的命令，也无法阻止医生想要救治患者的决心。

第一次世界大战时，医生们还曾为那些被炮弹击中、在脸上留下巨大伤疤的军人动手术，帮他们恢复之前的容貌。

虽然距离妙闻第一次做整形手术已经过去了很长一段时间，但整形手术的方式一直没有发生太大的改变。

医生们依然普遍采用将身体某个部位的肉割下来，再缝到空缺部位的方式。

不过，正是因为有了妙闻发明的整形手术，那些为严重伤口和疤痕而苦恼的人才有机会修复身体。

科学知识

免疫和排异反应

当细菌或病毒进入我们的身体时，我们的身体会本能地排斥和破坏它们。这种功能，我们称为“免疫”。如果将其他人的皮肤切下来贴在我们的身体上，我们的身体就会出现排异反应，将那些外来皮肤当成敌人进行攻击。因此，做整形手术时，最重要的是要消除排异反应。

使用自己的皮肤，就能防止发生排异反应。

我是负责免疫的免疫细胞。不管是细菌还是病毒，我都会一口吞掉！

你好！我原本住在屁股上，最近刚搬到鼻子上。
等等！你是谁？

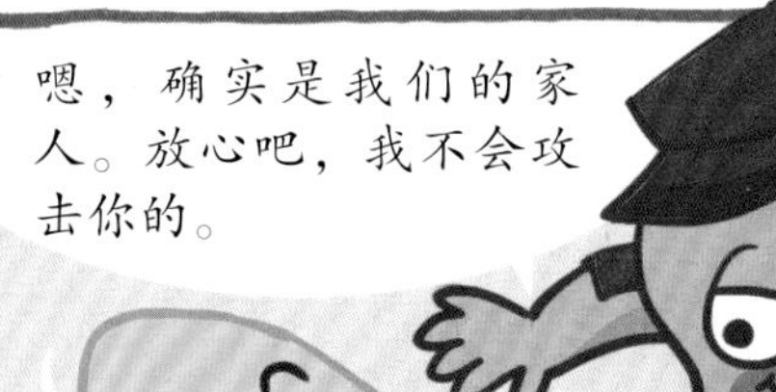

嗯，确实是我们的家人。放心吧，我不会攻击你的。
好的。
免疫细胞不会对自己的皮肤产生排异反应。

需要移植其他人的皮肤时，可以通过免疫抑制剂消除排异反应。

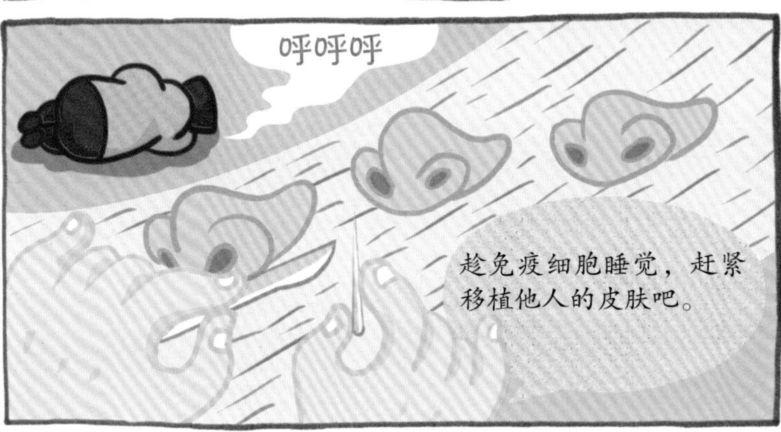

使用人造皮肤不会产生排异反应。

我是人造皮肤。我不但擅长变身，而且适应能力也很强。这次去哪里好呢？

以眼还眼，以牙还牙

古巴比伦王国的汉谟拉比王曾横扫周边的多个国家，统一了整个美索不达米亚地区。但是随着国家领土变大，多个民族融合在一起，犯罪率也跟着急剧升高。于是，为了维持秩序，汉谟拉比王制定了非常严格的法律，编了一部法典。这就是记录在石柱上的《汉谟拉比法典》。

《汉谟拉比法典》最大的特点是“以眼还眼，以牙还牙”的处罚原则。这是一种用相同的方式对罪犯进行报复的惩罚。

“如果有人弄瞎别人的眼睛，那么我就让他也变成瞎子；另外，如果有人打掉别人的牙齿，我同样要打掉他的牙齿。”

“如果强盗在某个人的房子上钻个洞进去偷盗物品，那我就要让他死在那个洞口前。”

“如果儿子用手打了父亲，我就要砍掉他的双手。”

怎么样？听起来是不是很可怕？或许，古印度人割掉犯错之人的鼻子也是用了相同的处罚原则。

刻有《汉谟拉比法典》的石柱

兰德斯坦纳老师，
如果失血过多，该怎么办呢？

在 19 世纪时，医生对人的血液并不是太了解。如果患者因失血过多而生命垂危，他们会随便输一种血，然后看患者是自己醒来还是一命呜呼。在对众多患者进行研究之后，我终于解开了血液的秘密：原来血是不可以乱输的。

在两千多年前，为了开疆扩土，罗马帝国经常会发动战争。

每次战争，都会有无数士兵受伤流血。当时，人们认为人血和动物血没有什么不同，所以每当有士兵流血过多，导致身体虚弱时，周边的人就会给他们喂一些动物血。

对于动物血，有些人有这样的看法：“喝了牛、羊等温驯动物的血后，可以治好心神不安的毛病。”

甚至，还有人认为：“只有放干坏血，也就是受伤后形成的脏血，身体才会好起来。”

于是，这种抽血疗伤的荒唐做法一直延续了数百年之久。

事实上，古人也像现在的人一样，将血液看作人类维持生命的重要源泉。不过，不同于现代人的是，他们坚信：只要人活着，身体就能源源不断地制造出血液，因此即使抽取再多的血液也无关紧要。

直到 17 世纪，有关血液的真相才一一被揭晓。

“血液通过血管在我们的身体里循环。”

直到那时，人们才明白，身体里的血不会凭空消失，新的血液也不会源源不断地被制造出来。

当这些事实被公开之后，医生们遇到失血过多的病人就会给他们输血。

英国著名的医生詹姆斯·布伦德尔也经常采用输血治疗的办法。

“布伦德尔医生，产妇失血过多！”

“我们需要立刻给她输血。可是该到哪里去弄血呢？”

这时，产妇的丈夫立即伸出自己的手臂，说：“不如将我的血输给她吧。”布伦德尔立即将丈夫的血输给产妇，从而救下了产妇和孩子的性命。但不知什么原因，有些患者就算是输了别人的血液，最终也没能活下来。

“为什么有的患者能活过来，有的患者会死去呢？”

直到最后，布伦德尔也没能解开这个疑惑。

不过，有一个人解开了这个秘密。他就是奥地利著名医学家卡尔·兰德斯坦纳。

1901 年，为了搞清楚输了血的人也会死去的原因，兰德斯坦纳在奥地利的维也纳大学进行了各种研究。

“原来别人的血进入患者体内后就会迅速凝固起来。”

不过，兰德斯坦纳又产生了新的疑问。

“可是为什么两个人的血液混在一起后就会凝固起来呢？”

兰德斯坦纳决定展开将血液相互混合的实验。

有一天，兰德斯坦纳在实验过程中发现了一个非常惊人的现象。

“阿尔弗雷德，你快过来看看。”

阿尔弗雷德是与兰德斯坦纳一起做研究的医生。

当阿尔弗雷德跑过来后，兰德斯坦纳用颤抖的声音对他说：“你看好了。我将 A 血和 B 血混在一起，它们是不是凝结成小团了？”

“嗯，确实是这样。”

“那么，这次我将 A 血和 C 血混在一起，你再看看结果如何。”

“啊！A 血和 C 血混合后，没有相互凝集在一起！”

“对。这就是每个人的血存在差异的证据！”

在这之前，人们一直认为所有人的血都是相同的。

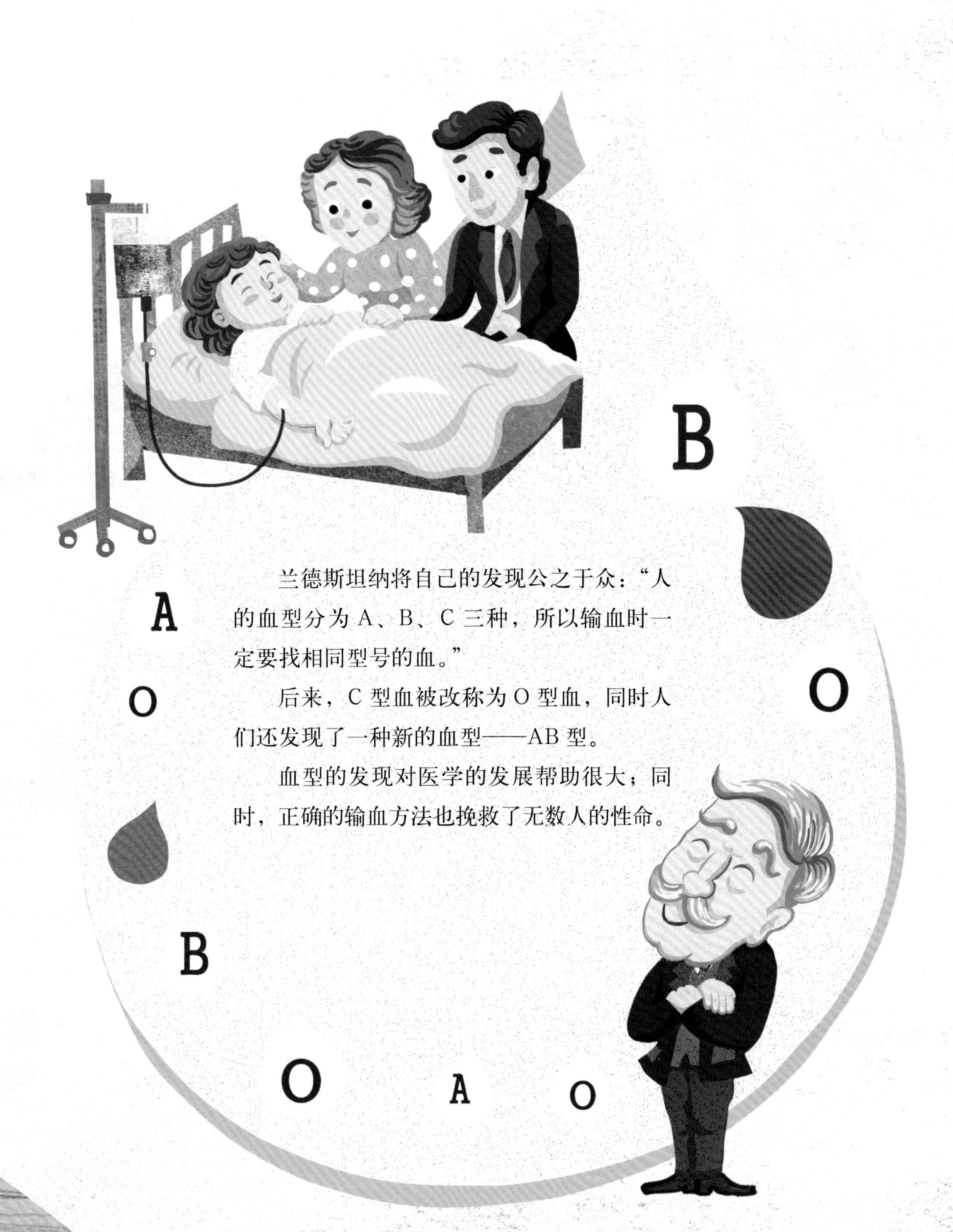

兰德斯坦纳将自己的发现公之于众：“人的血型分为A、B、C三种，所以输血时一定要找相同型号的血。”

后来，C型血被改称为O型血，同时人们还发现了一种新的血型——AB型。

血型的发现对医学的发展帮助很大；同时，正确的输血方法也挽救了无数人的性命。

血型

血型是指人们对血液进行的一种分类。最常见的血型分类是ABO血型系统——将血液分为A型、B型、O型及AB型四种。除此之外，血液还可以根据Rh血型系统分类。随着越来越多的血型系统被发现，人们的输血过程也变得越来越安全。

在ABO血型系统中，每种血型可接受的血型各不相同。

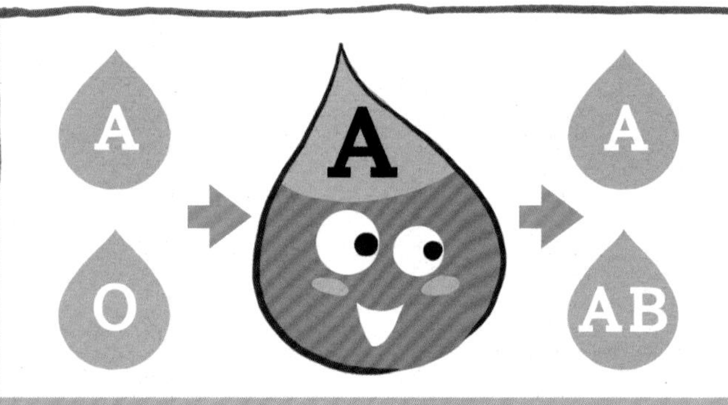

A型血的人可以输入A型血、O型血，可以为A型血、AB型血的人供血。

B型血的人可以输入B型血、O型血，可以为B型血、AB型血的人供血。

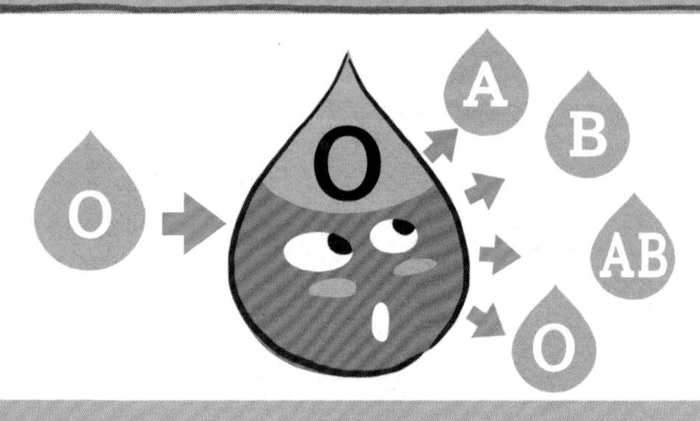

O型血的人只能输入O型血，但可以为所有血型的人供血。

AB型血的人可以输入所有血型的血，但只能为AB型血的人供血。

在Rh血型系统中，不同血型之间可以单向输血。

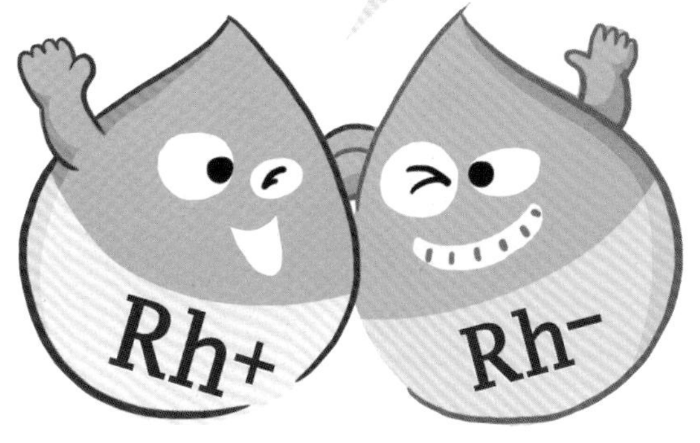

Rh阳性血的人可以输入Rh阳性血和Rh阴性血。

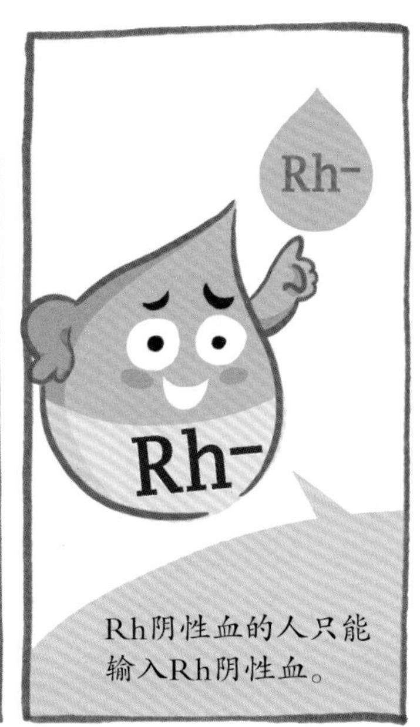

Rh血型系统中，血液分为两种血型：Rh阳性和Rh阴性。

接受献血时需要考虑献血者的年龄、献血时机及健康状态。

儿童不能献血，因为你们还在成长。

中国实行无偿献血制度，提倡18～55周岁的健康公民自愿献血，每次最多可以献血400毫升。
18岁
400mL
咳咳
咳咳
得了感冒时，可能会传染病毒，所以不能献血。

完成一次献血后，需要经过3～6个月才可以再次献血。

吸血鬼德古拉

据说，古埃及的最高统治者法老曾为治病而用鲜血沐浴，因为他们坚信血是生命的源泉。

这种思想在一些讲述怪诞恐怖故事的哥特小说中也得到了体现。

1897 年，英国出版的《吸血鬼德古拉》就是一本这样的小说。小说中，嗜血成性的德古拉伯爵会依靠吸食人血，不断延续自己的生命。喝过人血后，德古拉伯爵的白发就会变得乌黑，原本苍白的皮肤也会重新焕发生机。

据说，爱尔兰作家布莱姆·斯托克将人们口口相传的吸血鬼故事整合在一起，最终完成了这部小说。吸血鬼是一种靠吸血为生的怪物。西方人认为死人复活后就会变成吸食人血的吸血鬼。《吸血鬼德古拉》一经出版就受到广大读者的疯狂追捧。

后来，这部小说被当作其他吸血鬼小说的鼻祖，还被改编成电影。而这一切，源于“血液是生命的源泉”的古老思想。

被视为德古拉伯爵原型的弗拉德三世曾生活过的布兰城堡

威尔士医生，
有没有什么办法可以让人感受不到手术的疼痛呢？

不知大家是否有过拔牙或缝合伤口的经历？手术是一个非常痛苦的过程。但在 19 世纪之前，患者们只能硬着头皮忍受这样的疼痛。后来，我绞尽脑汁想出了一个办法，那就是使用麻醉药，让患者感受不到手术的痛苦。

18 世纪末，英国科学界非常流行研制新型气体的实验。
英国化学学家汉弗里 · 戴维也对寻找新型气体抱有浓厚的兴趣。
有一天，戴维坐在实验室中，一边吸入各种气体，一边进行研究。

“哇，好神奇。吸入了这种气体后，心情居然会变得非常愉快。”

戴维发现的这种气体是一氧化二氮。他邀请朋友们到实验室里，让他们也体验一下吸入一氧化二氮的感觉。最终，吸入一氧化二氮的朋友们都嘻嘻哈哈，显得非常愉快。

看到这一幕后，戴维恍然大悟地拍了一下大腿，说：“利用一氧化二氮是不是可以减轻手术带来的痛苦？”

戴维建议医生们使用一氧化二氮做麻醉药，但是大部分医生都无视了他的建议。

后来，一氧化二氮又被人们称作“笑气”。而城市里渐渐开始流行吸入笑气后一起尽情嬉笑打闹的笑气派对。

美国的牙科医生霍勒斯·威尔士也被邀请参加笑气派对。

当威尔士抵达派对现场时，正好看到一个正在跳舞的人不小心滑倒了，他的头部撞到了椅背上。

奇怪的是，虽然这个人头部一直在流血，但他却躺在那里无动于衷。

“哈哈哈，我没事的。”

看到这一幕，威尔士不由自主地叫道：“对，肯定是因为笑气！我要将笑气用在牙科手术上。”

威尔士被发现麻醉药的喜悦冲昏了头，连招呼都没来得及打，就匆匆离开了派对，跑回家中。

第二天，早早来到医院上班的威尔士吸了一口一氧化二氮后，连忙将助手叫过来，吩咐道：“喂，伙计。请你现在马上帮我将蛀牙拔出来。”

“医生，拔牙那么疼，您真的没关系吗？”

“不用担心。你就放心大胆地拔吧。”

结束后，威尔士面带微笑地说：“在拔牙期间，我竟然没有感觉到任何痛苦。”

于是，威尔士非常自信地向人们展示了麻醉手术。

遗憾的是，他的公开演示失败了。

尽管如此，威尔士医生将一氧化二氮作为麻醉药使用的行为，却成为促进医学进一步发展的重要之举。因为在当时，很多患者都因疼痛而拒绝做手术。但是自从麻醉药投入使用后，愿意接受手术的患者大幅增加，他们身上的疾病也都得到了有效的治疗。

后来，随着各种麻醉药在临床上的应用，患者们渐渐可以接受脑手术、心脏手术等高难度的手术了。

感觉细胞

帮助我们感受光、声音、气味、味道、疼痛等各种外界刺激的细胞，我们称为“感觉细胞”。在感受到刺激之后，感觉细胞会通过神经细胞将这种刺激传递给大脑。因此，为了在做手术时不让患者感受到疼痛，我们必须使用麻醉药。

在做大型手术时，医生往往会采用全身麻醉的方式。

我是敏感的感觉细胞。无论是谁，只要让我感到疼痛，我就要大声尖叫。
我们得摘除体内的肿瘤，所以你还是先睡一会儿吧。
啊，好困。
这么快就结束了？我一丁点儿疼痛都没感觉到。
我就是肿瘤。
在做大型手术时，我们往往会采取全身麻醉的方式。这个时候通常使用气体麻醉药。

在做微创手术时，医生通常会采用局部麻醉的方式。

什么？你要给我点痣？呜呜，不要。我怕疼。

过一会儿就不疼了。

还疼吗？

太神奇了。竟然一点儿都不疼。

就像激光点痣一样，在对非常小的部位进行治疗时，我们会采用局部麻醉的方式。这个时候通常使用麻醉药膏或麻醉注射剂。

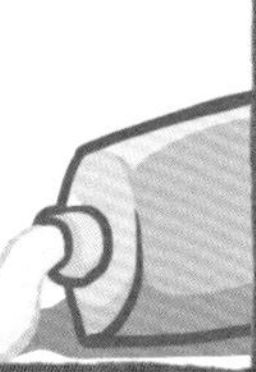

对于做完手术后产生的持续疼痛，医生会为患者添加止痛药来进行缓解。

手术都结束了，可我还是很疼。
我来帮你缓解疼痛吧。
咕嘟
咦？不疼了。我要好好吃饭、好好睡觉、好好休息，尽快恢复健康。
如果手术后依然觉得很疼，别忘了吃止痛药来缓解疼痛。

梦神——摩耳甫斯

雷诺兹·史蒂文斯的作品《躺在摩耳甫斯的臂弯里》

古希腊神话中，睡神修普诺斯有一个儿子，名叫摩耳甫斯。摩耳甫斯是梦神，他可以随心所欲地在人们的梦中穿梭。

有一天，修普诺斯将儿子摩耳甫斯叫到跟前，给他安排了一项任务。

“一个名叫阿尔库俄涅的女人每天都在向神祈祷，希望她的丈夫能够安全归来。你去她的梦中告诉她丈夫的死讯吧。”

摩耳甫斯马上化为阿尔库俄涅的丈夫，进入她的梦中，将这件事告诉了她。从睡梦中醒来的阿尔库俄涅得知丈夫已经死去的消息后，非常悲伤，不久便死去了，并化为一只翠鸟。众神觉得阿尔库俄涅非常可怜，便把她死去的丈夫也变成了翠鸟，让他们长相厮守。

现在临床中使用的一种麻醉药——吗啡（morphine），就取自梦神摩耳甫斯的名字，因为吗啡可以像梦神一样让患者暂时进入梦乡，感受不到痛苦。

安全无痛地接受治疗和手术的时代来临

进入 20 世纪后，现代医生对人体的构造和功能、伤口和疾病等都有了更深的了解。另外，医学家不但研发出更多治疗各种疾病的药物，还具备了更精确、安全的尖端手术工具。如今，病人已经可以在医院接受更安全、更快速的治疗了。

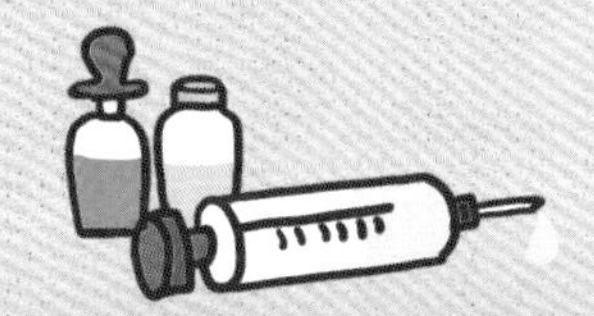

诊断试剂盒能马上做出诊断

近年来，只要使用简单的医疗诊断试剂盒，我们就能立即确认自己究竟得了什么病。例如，有没有怀孕就可以通过诊断试剂盒来进行确认。根据不同的诊断试剂盒分别对血液、头发、唾液、小便等样本进行检测，我们很快就能得知诊断结果。相信随着医疗技术的进一步发展，对癌症等高危疾病进行诊断的试剂盒也将很快被研发出来。

啪

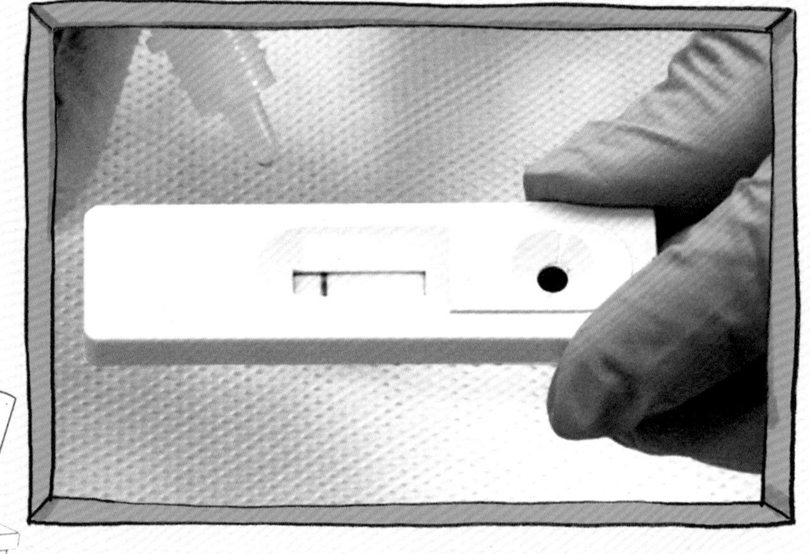

可以诊断出是否患有疾病的诊断试剂盒

高精度的手术也轻而易举——机器人手术

当挂在机械臂上的摄像机开始拍摄患者体内的情况时，医生就能一边观看显示器中的影像，一边操纵机械臂给患者做手术了，这就是机器人手术。机械臂比人的手更纤细，而且还可以 360 度旋转，所以能够做一些非常精密的手术。另外，由于机器人手术可以最小限度地切开皮肤进行手术，所以术后留下的疤痕也会非常小。目前，机器人手术主要运用于外科微创手术中。

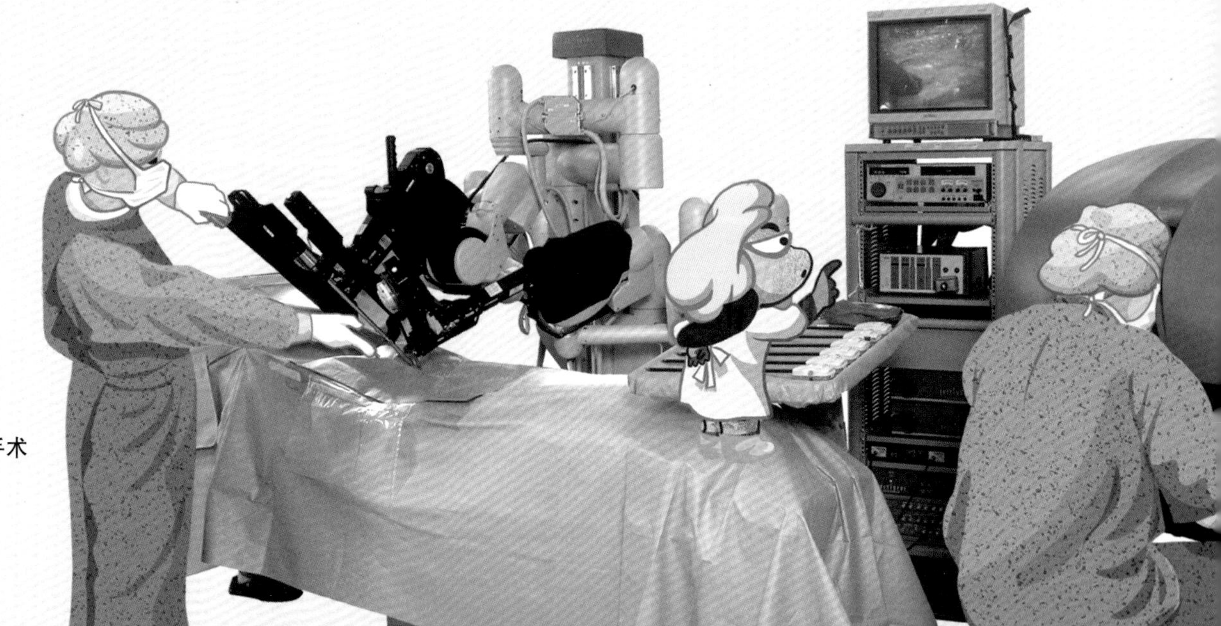

利用机械臂做手术

可以代替人体器官的人造器官

心脏出了故障就无法给身体持续供应血液，人会因此死亡。如果想要彻底根治这种疾病，患者最好尽快移植健康的心脏。相比之下，捐赠心脏的人非常少，而心脏出现故障的人却非常多。于是，科学家就想到了一个办法：研制出人造心脏，来治疗心脏病患者。像这种人工制造出来用于代替天然器官的工具就是人造器官。现在可以投入使用的人造器官有人造心脏、人造肾脏等。

可以挽救心脏病患者的人造心脏

穿梭于患者体内的纳米机器人

如果给癌症患者注射治疗药物，正常细胞也会受到影响。如果将纳米机器人放入患者体内，它们只会破坏癌细胞。另外，纳米机器人还可以拍摄患者体内的情况，然后发送到体外的机器上。目前，纳米机器人主要用于诊断和治疗一些与消化系统有关的疾病。相信在不久的将来，说不定会有穿梭于血管中治疗患病细胞的纳米机器人登场。

血管中的纳米机器人概念模型

图字：01-2019-6048

图书在版编目（CIP）数据
医疗的故事 /（韩）黄根基文；（韩）洪善珠绘；千太阳译 . — 北京 ：东方出版社，2021.4
（哇，科学有故事！. 第三辑，日常生活 · 尖端科技）
ISBN 978-7-5207-1483-9

Ⅰ . ①医… Ⅱ . ①黄… ②洪… ③千… Ⅲ . ①医学—技术发展—世界—青少年读物 Ⅳ . ① R-11

中国版本图书馆 CIP 数据核字（2020）第 038655 号

哇，科学有故事！尖端科技篇 · 医疗的故事
（WA，KEXUE YOU GUSHI! JIANDUAN KEJIPIAN · YILIAO DE GUSHI）
作　者：［韩］黄根基 / 文　［韩］洪善珠 / 绘
译　者：千太阳

策划编辑：鲁艳芳　杨朝霞
责任编辑：金　琪　杨朝霞
出　版：東方出版社
发　行：人民东方出版传媒有限公司
地　址：北京市西城区北三环中路6号
邮　编：100120
印　刷：北京彩和坊印刷有限公司
版　次：2021年4月第1版
印　次：2021年4月北京第1次印刷
开　本：820毫米 × 950毫米　1/12
印　张：4
字　数：20千字
书　号：ISBN 978-7-5207-1483-9
定　价：218.00元（全9册）
发行电话：（010）85924663　85924644　85924641

文字 ［韩］黄根基

出生于江原道春川,大学毕业后就开始创作童话。一直努力站在孩子们的视角观察世界，并将其表达出来。主要作品有《朝鲜的儒生精神》等众多儿童图书，而其中的《模模糊糊，阿拉丁混淆单位》《我们可以选择和平》《超越天才的思想学校》等则被文化体育观光部评选为优秀教养图书。

插图 ［韩］洪善珠

可能是因为小时候喜欢翻看书中插图，长大后不知不觉成为一名插画师。在给儿童图书画插图的过程中，发现自己感到好奇的东西变得越来越多。主要作品有《梦想着朝鲜未来的人才学校——馆》《描绘愿望的孩子》《椒井里的信》《葡萄队长张鹏翼扫荡剑界》等。

审编 ［韩］李正模

毕业于延世大学生物化学专业，后考入德国波恩大学学习化学。毕业后担任安阳大学教养专业的教授，现为西大门自然史博物馆的馆长。主要作品有《给基因颁发专利》《日历和权力》《希腊罗马神话科学》等。主要译作有《人类简史》《魔法的熔炉》等。

哇，科学有故事！（全33册）

生命篇	01 动植物的故事——一切都生机勃勃的
	02 动物行为的故事——与人有什么不同？
	03 身体的故事——高效运转的“机器”
	04 微生物的故事——即使小也很有力气
	05 遗传的故事——家人长相相似的秘密
	06 恐龙的故事——远古时代的霸主
	07 进化的故事——化石告诉我们的秘密
地球篇	08 大地的故事——脚下的土地经历过什么？
	09 地形的故事——隆起，风化，侵蚀，堆积，搬运
	10 天气的故事——为什么天气每天发生变化？
	11 环境的故事——不是别人的事情
宇宙篇	12 地球和月球的故事——每天都在转动
	13 宇宙的故事——夜空中隐藏的秘密
	14 宇宙旅行的故事——虽然远，依然可以到达
物理篇	15 热的故事——热气腾腾
	16 能量的故事——来自哪里，要去哪里
	17 光的故事——在黑暗中照亮一切
	18 电的故事——噼里啪啦中的危险
	19 磁铁的故事——吸引无处不在
	20 引力的故事——难以摆脱的力量
化学篇	21 物质的故事——万物的组成
	22 气体的故事——因为看不见，所以更好奇
	23 化合物的故事——各种东西混合在一起
	24 酸和碱的故事——水火不相容

解决问题

日常生活篇	25 味道的故事——口水咕咚
	26 装扮的故事——打扮自己的秘诀
尖端科技篇	27 医疗的故事——有没有无痛手术？
	28 测量的故事——丈量世界的方法
	29 移动的故事——越来越快
	30 透镜的故事——凹凸里面的学问
	31 记录的故事——能记录到1秒
	32 通信的故事——插上翅膀的消息
	33 机器人的故事——什么都能做到

扫一扫
看视频，学科学